二十四 节气

大百科

◎梦动力童书/ 著

冬

郡城开博路，佳节一阳生。
喜见儿童色，欢传市井声。
幽闲亦聚集，珍丽各携擎。
却忆他年事，关商闹不行。

华东师范大学出版社
ECNUP
全国百佳图书出版单位

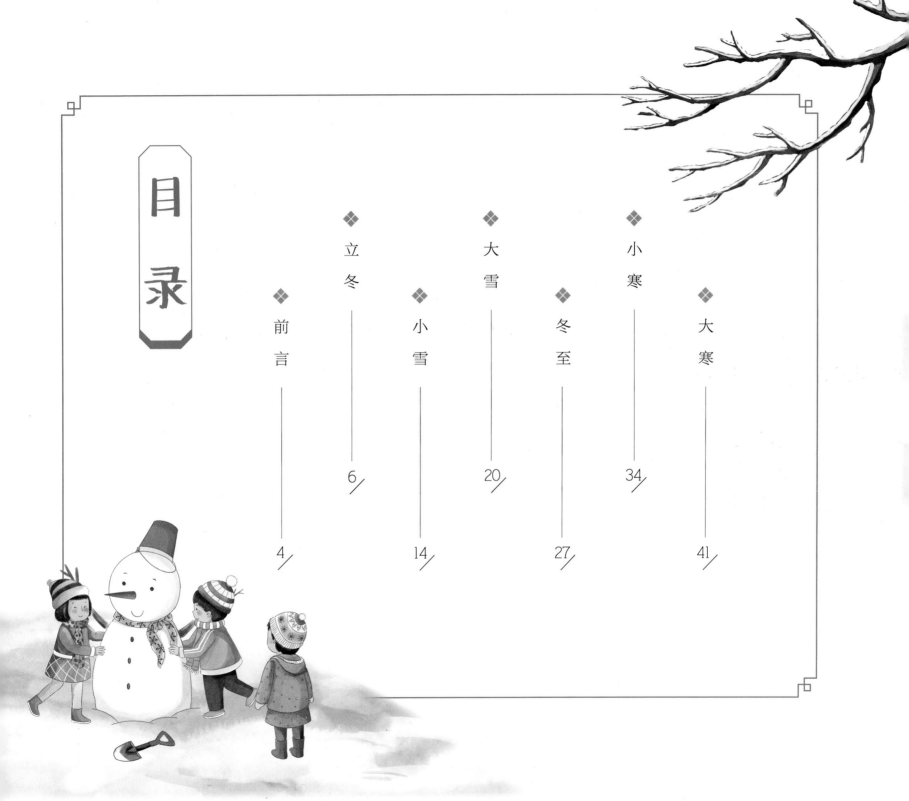

# 目录

# 二十四节气是什么？

今天感觉有点冷……

是呀，因为今天是立冬嘛。

这里提到的"立冬"就是二十四节气中的一个节气。二十四节气是中国传统文化的重要组成部分，在气象界被称为 **"中国的第五大发明"**，并且在 2016 年被正式列入联合国教科文组织 **"人类非物质文化遗产"** 代表作名录。这么厉害的二十四节气到底是什么呢？

二十四节气起源于我国北方的黄河流域，这些地区的人民为了更好地适应农耕生产，长期观察黄河流域里的大自然气候、物候等季节变化规律，最终总结出一套包含地理气象和人文历史知识的体系——二十四节气，用来指导人们的生活和生产。

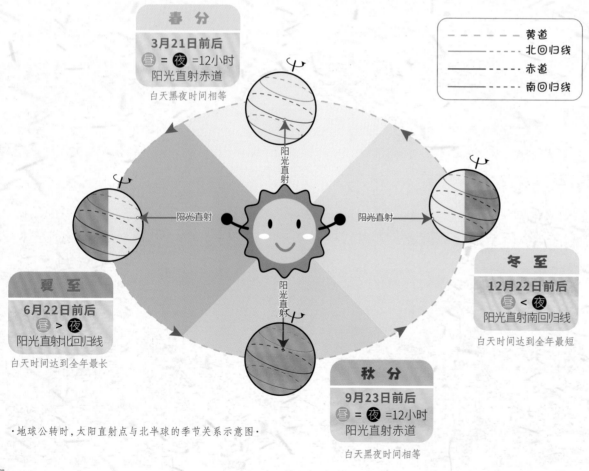

**春 分**

3月21日前后

昼 = 夜 =12小时

阳光直射赤道

白天黑夜时间相等

**夏 至**

6月22日前后

昼 > 夜

阳光直射北回归线

白天时间达到全年最长

**秋 分**

9月23日前后

昼 = 夜 =12小时

阳光直射赤道

白天黑夜时间相等

**冬 至**

12月22日前后

昼 < 夜

阳光直射南回归线

白天时间达到全年最短

- - - - - 黄道

——— 北回归线

——— 赤道

- - - - - 南回归线

·地球公转时，太阳直射点与北半球的季节关系示意图·

\*\*\*\*\*\*\*\*\*\*\*\*\*\*\*\*\*\*\*

二十四节气是按照太阳直射点在黄道（地球绕太阳公转的轨道）上的位置来划分的，春分、夏至、秋分和冬至既是每个季节里位置居中的节气，也是四个在黄道上有着特殊意义的节气。太阳在不同季节直射到地球的位置是不同的。

# 二十四节气有哪些节气呢❓

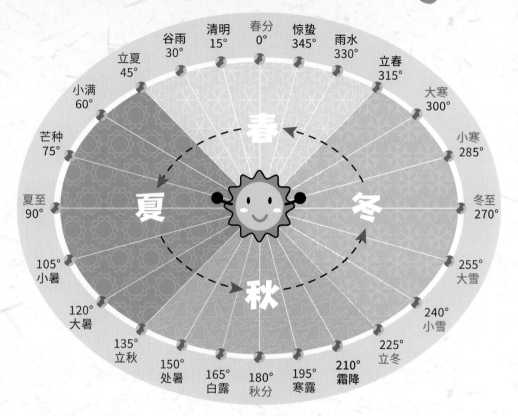

谷雨 30°　清明 15°　春分 0°　惊蛰 345°　雨水 330°

立夏 45°　立春 315°

小满 60°　大寒 300°

芒种 75°　小寒 285°

春

夏至 90°　冬至 270°

夏　冬

105° 小暑　255° 大雪

秋

120° 大暑　240° 小雪

135° 立秋　225° 立冬

150° 处暑　165° 白露　180° 秋分　195° 寒露　210° 霜降

太阳直射点从春分点(即黄经0°，黄道坐标系中的经度)出发，每运行15°到达下一个节气，到下一个春分点刚好旋转一周，即360°，也就是一年，共经历24个节气。每个月有两个节气，每个节气间隔15天，而且古人还对二十四节气进行了细化——"候"，每5天为一候，所以每个节气会有三候，二十四节气总共七十二候。

由于二十四节气反映了地球绕太阳公转一周的运动，所以在公历的日期基本是固定的，上半年一般在6日和21日，下半年一般在8日和23日，可能相差1—2天。其中**"立春""立夏""立秋"**和**"立冬"**这"四立"代表着四季的起点。

为了更好地记忆二十四节气，人们编了下面这首朗朗上口的小歌谣，总结了二十四节气的名称、顺序和日期。

## 二十四节气歌

春雨惊春清谷天①，
夏满芒夏暑相连②。
秋处露秋寒霜降③，
冬雪雪冬小大寒④。
每月两节不变更⑤，
最多相差一两天⑥。
上半年来六廿一⑦，
下半年是八廿三⑧。

**解析**

①这里指春天的六个节气：立春、雨水、惊蛰、春分、清明、谷雨。
②这里指夏天的六个节气：立夏、小满、芒种、夏至、小暑、大暑。
③这里指秋天的六个节气：立秋、处暑、白露、秋分、寒露、霜降。
④这里指冬天的六个节气：立冬、小雪、大雪、冬至、小寒、大寒。
⑤这里指每个月基本固定有两个节气。
⑥这里的意思是每个节气在公历的日期基本是固定的，可能相差1—2天。
⑦这里的意思是上半年的节气基本在每月6日和21日。
⑧这里的意思是下半年的节气基本在每月8日和23日。

# 立 冬

lì dōng

立冬在每年公历 **11 月 6 日—8 日**之间，是冬季的第一个节气，标志着冬季的开始。立冬前后，大部分地方降水会减少，空气更加干燥，太阳每日出现的时间也会继续缩短，天气变冷，尤其是北方地区，冷空气会让气温大幅度下降，有时还可能出现伴有雨雪的寒潮天气。

## "秋收冬藏"里的"冬藏"是什么意思呢？

冬季开始了，秋季作物基本收晒完毕，收成的农作物要收藏起来了。此时许多小动物也储存了足够的食物藏起来过冬，有的还会进入冬眠状态，直到第二年春天才会出来活动。

关于冬季，古人写了不少诗句来描写冬景，比如唐代诗人李白就在冬夜醉看风景：

# 冬 景

［唐］李白

冻笔新诗懒写，

寒炉美酒时温。

醉看梅花月白，

恍疑雪满前村。

冬天的夜晚，天气寒冷，连笔墨都结冻了，这样也懒得写新诗，于是凑近火炉旁，边取暖边温酒驱寒。

喝着喝着开始有点醉意了，明明只是月光倾洒在梅花上，在恍惚中还以为是村里落满了雪花。

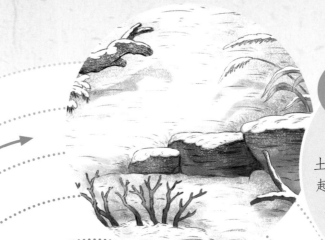

## 立冬三候

### 一候

**水始冰**

　　随着立冬的到来，天气变得越来越冷，北方已经开始出现冰冻现象，河面、湖面结了一层薄薄的冰，但冰面还没有完全冻实。

### 二候

**地始冻**

　　气候非常冷的地方，土壤中的水分会凝结在一起，使得土地被冻得硬邦邦的，无法再进行种植等农事活动。

### 三候

**雉入大水为蜃**

　　雉是一种体型像鸡、毛色艳丽的鸟，蜃指大蛤蜊。立冬之后，这种鸟变得少见，而许多外壳与雉的线条、颜色相似的大蛤蜊却出现在海边，古人以为这类鸟到立冬后就变成了大蛤蜊。

### ·迎 冬·

以前人们会在立冬进行祭祀活动，祈求来年的丰收与兴旺。古时候，在立冬这天，皇帝斋戒三天，穿上黑色的衣服，带领文武百官到郊外举行祭冬神的仪式，迎接冬的到来。皇帝还会把冬衣赐给大臣们，并对烈士家属进行表彰和抚恤。

### ·修农具、制肥料·

大部分地区的农林作物逐渐进入越冬期，农家趁空闲时间对农具进行检查和整修，以免来年春天耽误农时。天气寒冷，树叶都掉光了，靠近山林的地区到处都是枯枝败叶，正好给农家制造堆肥。

### ·暖炉会·

天气越来越寒冷，民间会在立冬前后烧暖炕，设围炉，到第二年春天才撤去暖炉。人们在炉中烤肉，围着火炉边吃肉边喝酒，称为"暖炉会"。

### · 放牧、修棚圈 ·

　　冬季寒冷又漫长，嫩草很少，人们会在初冬的时候放牧，让牛羊吃青草。当严冬来临时，牛羊就不再外出，家里已经囤好充足的干草料来喂养它们。牧民会修整牲畜棚圈，围上厚厚的草围栏，做好越冬准备。

### · 吃甘蔗 ·

　　部分地方有立冬吃甘蔗的习惯，立冬前后的甘蔗汁多味美、口感好，而且含有对人体新陈代谢非常有益的各种维生素，非常适合在寒冷气候食用。

## ·吃饺子·

"饺子"来源于"交子之时"的说法，立冬是秋冬季节之交，所以要吃饺子。在北方有一个有趣的说法，"立冬不端饺子碗，冻掉耳朵没人管"。天气越来越冷，露在外面的耳朵十分容易被冻伤，而饺子的形状像耳朵，人们认为在立冬吃上一碗热腾腾的饺子，耳朵就不会受冻了。

## ·补冬·

"补冬"的重点在于"补"，立冬之后就是冬天了，人们为了更好地适应气候变化，会吃一些能够驱寒、富含营养的食物，通过进补来增强体质，以更好地防御寒冬。补冬的方式主要是吃些鸡鸭鱼肉等，炖煮的过程中还会加入人参、鹿茸等中药，达到食补加药补的效果。

## 农事活动

### ● 秋收冬种

人们会趁晴好天气收割、晾晒晚稻，并收藏入库。这个时节也是冬种的大好时机。由于我国南北气候差异比较大，即使是冬季，南方地区的气温也依然比较暖和，因此在秋收之后，可以选择天气适宜的日子，抓紧时间播种冬小麦，并做好防寒措施，避免冻害的发生。

### ● 修剪果树

此时很多果树进入休眠期，可以趁这个时候修剪果树的枯枝和病虫枝，使果树减轻病虫害，来年结出更多更好的果子。

## 立冬养生

·**生活上** 此时注意要经常开窗通风，让室外的新鲜空气流通进来，替换掉室内污浊的空气，减少病菌滋生。

·**饮食上** 此时气候寒冷，可以多吃动物肝脏、胡萝卜、深绿色叶菜等来补充维生素 A，以及多吃新鲜水果来补充维生素 C，这两种维生素能帮助增强人体的耐寒能力。

·**运动上** 冬季天气比较冷，此时更需要保持运动锻炼，锻炼前记得先做热身运动。这是因为天气冷使得手脚比较僵硬，不做热身运动的话容易受伤。

·**情绪上** 进入冬季后，人体代谢变得缓慢，所以要保持精神稳定，学会排解不良情绪，做到心态平和，此时可以选择多晒晒太阳，有利于调节抑郁情绪。

① 你喜欢吃饺子吗？和家人一起来包饺子吧，看看谁包的饺子最好看。

② 请爸爸妈妈分享一下在他们小时候立冬会有什么习俗。

## 立冬小谚语

❖ 立冬小雪紧相连，冬前整地最当先。

❖ 立冬种豌豆，一斗还一斗。

❖ 立冬东北风，冬季好天空。

❖ 立冬落雨会烂冬，吃得柴尽米粮空。

❖ 立冬晴，一冬晴；立冬雨，一冬雨。

❖ 重阳无雨看立冬，立冬无雨一冬干。

## 小雪

xiǎo xuě

小雪在每年公历 **11 月 21 日—23 日** 之间，和雨水、谷雨等节气一样，都是直接反映气候特征的节气。小雪时节，寒潮和强冷空气活动频繁，冷空气使北方大部分地区的气温逐渐达到 0℃以下，入冬以后的第一场雪也常常出现在这个时候。

### 为什么叫"小雪"？

由于天气寒冷，雨水在空中凝结成雪，但这时才刚进入冬季不久，雪下得不大，雪量不够，一到白天就融化了，地面没有明显的积雪，所以称为"小雪"。

小雪过后，雪开始下起来了，唐代诗人刘长卿就描述了在一个下雪的夜晚，旅客在寒山上的所见所闻所感：

# 逢雪宿芙蓉山主人

［唐］刘长卿

日暮苍山远，

天寒白屋贫。

柴门闻犬吠，

风雪夜归人。

## 诗词赏析

暮色降临，此时更感觉到前行的山路是那么的遥远。好不容易找到了一户可以借宿的人家，这户人家的茅屋在天寒地冻的天气里更显清贫。夜深了，忽然听到柴门外传来狗叫声，应该是这家的主人冒着风雪回来了。

## 二候 天气上腾，地气下降

古人认为，"天气"为阳气，"地气"为阴气，需要讲究"天地调和"以及"阴阳调和"。天气上升、地气下降意味着天地间的阴阳之气无法调和，难以达到平衡，万物也就失去了生机。

## 一候 虹藏不见

彩虹经常在雨过天晴时出现，这是因为太阳光照射到半空中的水滴，光线被折射和反射而形成的。小雪之后，降水量减少，空气干燥，再加上天气寒冷，雨水在低温下就形成了冰雪，于是很少看见彩虹了。

# 小雪三候

## 三候 闭塞而成冬

天地闭塞而转入了严寒的季节，树木看不到叶子，田野上很难看到小动物的身影，万物的气息几乎全部停止，就像进入了冬眠一样。

### ·晒鱼干·

小雪前后，居住在海边的渔民们会把捕到的乌鱼、旗鱼等晒成鱼干，作为干粮储存起来。晒鱼干一般要选大鱼，而小鱼干含钙量高，一般会当成零食来食用。

### ·杀年猪·

小雪时节，土家族有"杀年猪，迎新年"的风俗习惯，非常热闹。杀年猪后，用新鲜的猪肉做成美味的刨汤，用来招待亲朋好友。

### ·吃糍粑·

糍粑是中国南方地区的传统食物，以前是人们在节日祭祀时使用的祭品，后来成为了一种流行的食物。打糍粑可是个体力活，人们把蒸熟的糯米放到石臼里，用石锤或木槌反复捶打，直到把糯米打成糊状，最后拿出来分成小份，做成糍粑。

### ·腌菜、腌腊肉·

这时天气干燥，适合做腌制食品。很多地区的人们会杀猪宰羊，或买上一些新鲜的肉类进行腌制，做成美味的腊肉，也会腌制萝卜、白菜等，通过腌制和风干的方式将蔬菜和肉类等保存起来，以抵御寒冬。

● 收菜

　　正所谓"小雪不起菜，就要受冻害"，农家在冬季收了白菜后会用土法贮存，有些会储藏在地窖里，有些会挖深沟土埋。除了白菜，农家还会把土豆、红薯、萝卜等蔬菜放进地窖里储藏。贮藏的蔬菜要时常检查，适时透气，不能把窖关闭得太严实，以防温度过高和湿度过大造成烂窖。

● 树木防寒

　　天气冷了，果农这时需要做好果树的保暖工作，用草绳绑在树干上，以防果树受冻，还可以给树木刷上白色的石灰水，既可以防虫和杀死树上的真菌，还可以减弱树干部分吸收的太阳辐射，这样树干在白天和夜间经受到的温度相差不大，就不易裂开。

● 小雪雪满天，来年必丰年

　　以前人们会通过气候的变化判断来年的收成。他们认为小雪时节下雪了，下一年会雨水充足，没有大的旱涝灾害，这也是有道理的，融化的雪水能够有效缓解田地的旱情。

## 小雪养生

· **生活上** 小雪时节，冷空气逐渐加强，空气也越来越干燥，这时下的雪也提醒人们要注意防寒保暖，以防冻伤。

· **饮食上** 天气冷可以适当吃些温补的食物，如羊肉、牛肉等，要尽量避免吃冷食，以防肠胃不适，消化不良。

· **运动上** 天气慢慢变冷，身体血液循环减慢，免疫力也开始减弱，此时很容易患病，所以要积极运动，加强锻炼，提高人体免疫力，预防疾病。

· **情绪上** 如果出现郁闷的情绪，要注意调节好心态，可以多晒晒太阳、跳跳舞、听听音乐等，帮助舒缓压力，保持愉快的心情。

① 和爸爸妈妈一起试着做做糍粑吧，品尝一下自己亲手做的美食。

② 请你和家人一起动手制作雪花剪纸，贴在家里的窗户上，帮自己的家打扮一下吧。

## 小雪小谚语

❖ 小雪封地，大雪封河。

❖ 小雪地不封，大雪还能耕。

❖ 小雪不砍菜，必定有一害。

❖ 瑞雪兆丰年。

❖ 小雪大雪不见雪，小麦大麦粒要瘪。

❖ 小雪节到下大雪，大雪节到没了雪。

❖ 到了小雪节，果树快剪截。

❖ 小雪虽冷窝能开，家有树苗尽管栽。

# 大雪

dà

xuě

大雪在每年公历的 **12 月 6 日—8 日**之间，它与小雪一样，都是直接反映气候特征的节气。大雪之后，我国北方大部分河流、湖面会进入冰冻状态，地面覆盖上一层厚厚的积雪，南方的气温也显著下降。

## "大雪"的雪很大吗？

"大雪"的本意并不是指雪量一定很大，而是指相比小雪时节，大雪天气更冷，下雪的可能性也更大。当然，这个时节气温还会继续下降，在一些地区会下起大雪甚至是暴雪，地上也开始出现积雪。

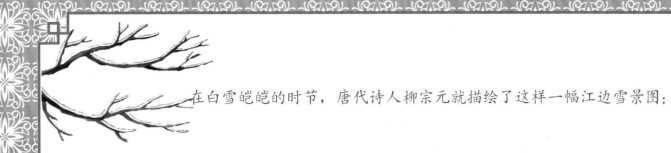

在白雪皑皑的时节，唐代诗人柳宗元就描绘了这样一幅江边雪景图：

# 江 雪

[唐]柳宗元

千山鸟飞绝，

万径人踪灭。

孤舟蓑笠翁，

独钓寒江雪。

## 诗词赏析

天空中飘着大雪，群山中的鸟儿都飞走了，所有道路上都没有了人的踪迹，十分清冷寂静。只见江面上有一叶孤舟，一位穿着蓑衣、戴着斗笠的老人家正冒着大雪，静静地独自在江面垂钓，一点都不怕严寒。

**二候**

**虎始交**

这是指老虎开始有求偶的行为，比如东北虎，一般是在冬季发情交配，交配期一般在 11 月至第二年 2 月。

**一候**

**鹖（hé）旦不鸣**

在严寒的天气里，平时爱叫的鹖旦也不叫了。鹖旦也被称作寒号鸟，但它并不是鸟，而是复齿鼯（wú）鼠，这是一种森林动物，能够借助前后肢之间的飞膜进行滑翔，平时在树上或岩壁裂隙和石穴筑巢，冬天躲在洞穴里避寒。

**大雪三候**

**三候**

**荔挺出**

"荔"是一种野生兰草，也有人认为"荔"是香草或零陵香，这种草以天为被、以雪为枕，在隆冬时节蓬勃生长。

### •赏 雪•

雪停之后，土地上、树上、屋顶上都积了一层厚厚的雪，站在高处向远方看，世界仿佛被染成了白色，既有趣又美丽。小孩子可以尽情地和家人、小伙伴们一起堆雪人、打雪仗，享受冬天的乐趣。

### •滑 冰•

小雪时土地封冻，大雪时河流也会结成坚实的冰，人可以在河面上走动，于是出现了各种各样在冰上进行的活动。在古时候，人们会穿上冰鞋，拄杖在冰上滑行，熟练的甚至不用拄杖，这种活动被称作"冰嬉"，也就是现在的滑冰。

### •吃饴糖•

饴糖又称麦芽糖浆，是一种用粮食发酵糖化制作成的糖类食品。以前每逢大雪前后，糖儿客就会挑着担一边走街串巷，一边吆喝卖饴糖。小孩常常因为馋嘴被吸引过去，家长就会将家里的铜质废品、铁线之类的物件拿出来，给孩子们拿去跟糖儿客兑换饴糖。

### ·赏雾凇·

　　雾凇不是冰也不是雪，是低温时空气中的水汽直接凝华，或因太冷雾滴直接冻结在树枝等物体上，形成乳白色的冰晶沉积物。雾凇的形成条件既要天晴少风，又要寒冷，并且有充足的水汽，在湿度大的山区或森林比较多见。

### ·烤红薯·

　　冬天的街边常有卖烤红薯的小贩，"烤红薯"也叫"烤地瓜"，红薯收获后，人们把红薯放到火堆里去烤，烤熟后把皮剥掉，就可以食用了，味道十分香甜，很受人们喜欢。

# 农事活动

● 瑞雪兆丰年

　　由于我国冬季气候寒冷干燥，许多作物容易因为严寒和水分不足而无法度过越冬期。厚厚的积雪像给庄稼盖了一层棉被，能够给土地保持温度和水分，加上雪水中含有丰富的氮化物，融化时还能增强土壤肥力。另外，大雪还能冻死大部分越冬虫卵，来年的害虫就少了。

● 保苗

　　这个时候天气寒冷干燥，为了防止冬小麦干旱死苗，应注意增温，在麦田里增加盖土，填补田间裂缝。若下雪不及时，农家偶尔要在天气稍稍转暖的时候浇一两次冻水。

## 大雪养生

**·生活上** 此时要适时增添衣物，保持温暖，但是要注意，穿衣服也不可以过量，穿得太多、太厚不仅会影响行动，还很容易出汗，出汗之后身体会变得更冷，十分容易感冒。

**·饮食上** 大雪正是进补的好时节，可以多吃一些富含蛋白质的食物和符合时令的水果，像柚子、脐橙、蜜桔等，不仅有助于补充人体所需的维生素，还能补充水分，起到滋润的作用。

**·运动上** 进行运动锻炼时要注意充分做好准备运动，等身体热了之后再脱去外套，而且还要避免剧烈运动，避免大汗淋漓，不然容易感冒。

**·情绪上** 这时候要尽量保持稳定的情绪，避免精神紧张和过度兴奋，减少疾病的发生。

① 你心目中的雪景是怎样的呢？请用彩笔画出你心中的雪景图送给爸爸妈妈吧。

② 和家人一起尝试制作烤红薯，看看自己家里做的和外面买的味道有什么不同。

## 大雪小谚语

❖ 今冬麦盖三层被，来年枕着馒头睡。

❖ 大雪纷纷落，明年吃馍馍。

❖ 今冬雪不断，明年吃白面。

❖ 今冬大雪飘，来年收成好。

❖ 大雪不寒明年旱。

❖ 大雪下雪，来年雨不缺。

❖ 雪多下，麦不差。

❖ 白雪堆禾塘，明年谷满仓。

冬至在每年公历 **12 月 21 日—23 日**之间，既是二十四节气中最早确定的一个重要的节气，也是中国民间的传统节日。冬至又称"冬节"或"长至节"等，这一天，太阳几乎直射南回归线，是北半球一年中黑夜最长、白昼最短、日影最长的一天。

## 黑夜最长的冬至是最冷的吗？

冬至时节，虽然太阳直射南回归线，日照时间最短，接收到的太阳辐射也最少，但是地面辐射散失的热量还是比较多的，所以此时还不是最冷的时候。

很多地方在冬至时节会一家人相聚，而唐代诗人白居易有一年独自离家在外，恰逢冬至，思乡之情更加强烈了：

# 邯郸冬至夜思家

[唐] 白居易

邯郸驿里逢冬至，

抱膝灯前影伴身。

想得家中夜深坐，

还应说着远行人。

诗人居住在邯郸客栈时，刚好遇上冬至时节。晚上，诗人抱着膝盖坐在昏暗的灯光前，只有自己的影子和他作伴，十分孤独。今天是冬至，家乡的亲人们应该会相聚到深夜吧，估计还会说起离家在外的自己。

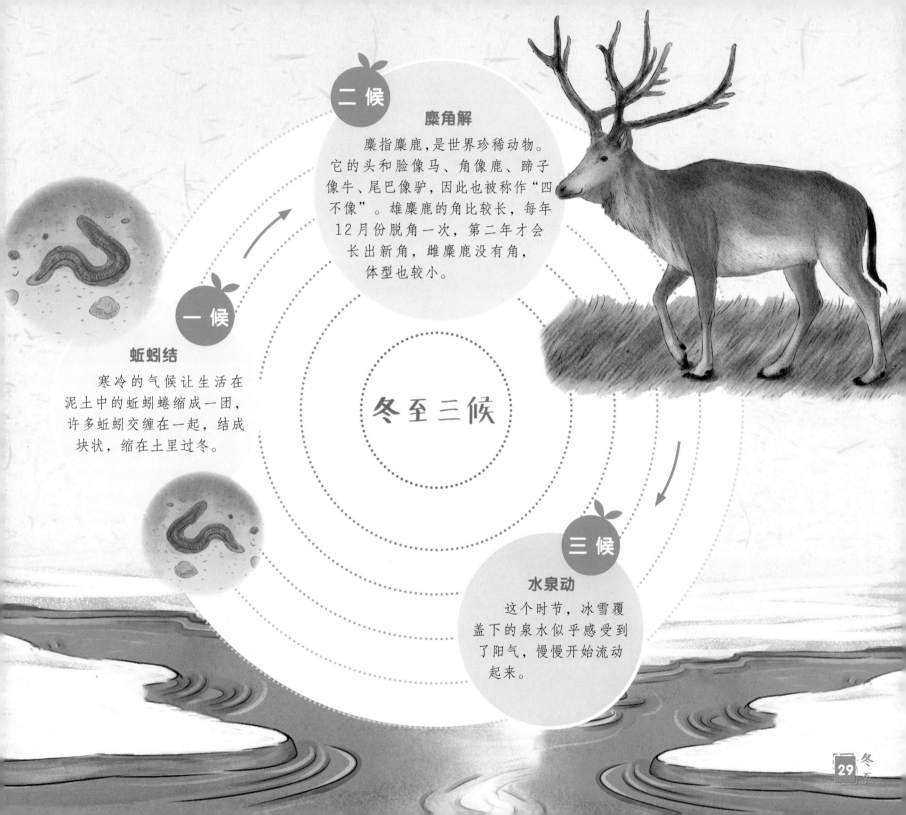

## 冬至三候

**二候**

### 麇角解

麇指麋鹿,是世界珍稀动物。它的头和脸像马、角像鹿、蹄子像牛、尾巴像驴,因此也被称作"四不像"。雄麋鹿的角比较长,每年12月份脱角一次,第二年才会长出新角,雌麋鹿没有角,体型也较小。

**一候**

### 蚯蚓结

寒冷的气候让生活在泥土中的蚯蚓蜷缩成一团,许多蚯蚓交缠在一起,结成块状,缩在土里过冬。

**三候**

### 水泉动

这个时节,冰雪覆盖下的泉水似乎感受到了阳气,慢慢开始流动起来。

29 冬至

# 传统习俗

## · 冬至大如年 ·

人们对冬至尤其重视，民间有"冬至大如年"的说法，所以冬至又被称为"亚岁"或"小年"。在我国古代，君王会在冬至这一天进行"郊祀"礼，也就是在郊外祭祀天地，所以需要在冬至前一天进行沐浴斋戒，为第二天的祭天大典做好准备。

民间还会举行祭祖的活动，人们会把祖先的画像、牌位等供奉起来，摆上香炉、贡品等。有的地方还会祭祀天官、土地神等，以祈求来年风调雨顺。

## · 数九九 ·

"数九九"是民间一种计算寒暖日期的方法。人们将冬至后的八十一天分为九个阶段，从冬至这天数起，每隔九天为一个"九"，一般"三九"是一年中最冷的时段，当数到第九个"九"时，冬天也就过去了。人们还会根据各地不同的气候条件、环境特点、农事活动及风俗习惯等来创作不同的九九歌。

## · 九九消寒图 ·

从冬至那天起就算进"九"了，古时民间有绘制"九九消寒图"的习俗。画一枝素梅，枝上画九朵梅花，每朵梅花上画九片花瓣，共八十一瓣。每过一天就给一片花瓣涂上颜色，涂完一朵花，就过了一个"九"了。古时候的御寒条件比较差，冬季对人们来说是漫长又难熬的季节，数九九、画消寒图都是古代人们度过冬季的消遣方式，也表现出人们期盼春天早点到来的心情。

《九九消寒歌》
一九二九不出手，
三九四九冰上走，
五九和六九，沿河看杨柳，
七九河开，八九雁来，
九九加一九，耕牛遍地走。

## · 消寒会 ·

除了画消寒图，古人还会在入"九"后举行消寒会。文人、士大夫等相约九人饮酒，席上用九碟九碗，寓意九九消寒。

30

## · 饺子和冬至团 ·

　　在我国北方的许多地区，有冬至吃饺子的习惯，而南方则比较流行吃冬至团，也就是汤圆。人们在这一天将糯米磨成粉，并用糖、肉、蔬菜、水果等做馅，包成冬至团。除了自己吃，还会把做好的冬至团用来供奉祖先、送给亲朋好友，寄托着团圆的美好愿望。

## · 食俗多样 ·

　　我国地域辽阔，各地在冬至有不同的节令食俗。在江南水乡，人们会吃赤豆糯米饭，寓意防灾祛病。山东滕州人们喝羊肉汤，福建吃姜母鸭，台湾吃糯糕，台州吃擂圆……人们用各种各样的美食来庆祝冬至。

## 农事活动

### ●作物越冬

正所谓"冬至不过不冷"，冬至之后就进入了"数九寒天"，意味着即将进入冬季最冷的时间段。虽然在我国北方地区已经是大雪纷飞，但在气温相对温暖的南方地区，冬作物仍继续生长。为了让冬季作物更好地生长，需要利用这段时间加强对农田的管理，为越冬作物做好施腊肥、保暖、灭虫等工作。

## 冬至养生

·**生活上** 此时已经到了严冬时节,要特别注意防寒保暖,及时增添衣物,衣物最好选择柔软宽松的款式,避免影响血液流通。

·**饮食上** 天气寒冷,可以适量进补,此时可以多吃富含蛋白质、碳水化合物和脂肪的肉类,补充营养。

·**运动上** 气温较低,可以选择进行适当的御寒锻炼,提高人体的抗寒能力,预防感冒。

·**情绪上** 这时要注意保持良好的心理状态,情绪要稳定、愉快,学会自我调节,避免发怒、精神抑郁。

## 冬至小谚语

❖ 冬至下场雪,夏至水满江。

❖ 冬至不冷,夏至不热。

❖ 冬至暖,烤火到小满。

❖ 冬至西北风,来年干一春。

❖ 冬至晴一天,春节雨雪连。

❖ 冬至毛毛雨,夏至涨大水。

❖ 冬至有雪,九九有雪。

❖ 阴过冬至晴过年。

## 趣味小活动

① 请动手画一幅"九九消寒图"吧,并和爸爸妈妈一起记录每个"九"。

② 和家人一起试试制作"冬至团",并和小伙伴分享一下制作过程中发生的趣事。

小寒是二十四节气里的倒数第二个节气，也是冬季的第五个节气，一般在每年公历 **1月5日—7日** 之间。小寒是表示气温冷暖变化的节气，标志着一年中最寒冷的时节即将到来。

### 小寒和大寒谁更冷呢？

从字面上看，"小寒"的意思是天气寒冷但还没达到最冷的程度，"大寒"应该是最冷，但历年气象资料显示，小寒才是最冷的节气。俗话说"冷在三九"，最冷的"三九天"正好在小寒时节里，因此也有"小寒胜大寒"的说法。

在一个雪花纷飞的日子里，宋代诗人卢梅坡就描写了雪花和梅花争春的情景：

# 雪 梅

[宋]卢钺

梅雪争春未肯降，

骚人阁笔费评章。

梅须逊雪三分白，

雪却输梅一段香。

**诗词赏析**

梅花和雪花互相争论着，都认为自己占尽了春色，谁都不肯认输。文人们也很难下评论，只好放下笔好好思考一番。梅花在颜色上要输给雪花三分，但在气味上雪花要输给梅花一段清香，两者各有特色。

二 候

**鹊始巢**

喜鹊常常在人类活动多的地区出没，喜欢将巢筑在民宅旁的大树上。喜鹊一般在三月中下旬开始产卵孵化幼鸟，但喜鹊筑巢的时间比较长，大约要花4个月的时间。为了迎接春天和新生命的到来，喜鹊从小寒前后就开始筑巢，这样来年小喜鹊们就能睡上温暖的小窝了。

# 小寒三候

一 候

**雁北乡**

小寒之后，最冷的日子过去了，在南方过冬的大雁开始陆陆续续向北飞，到立春后就全部飞回北方了。

三 候

**雉始雊**（gòu）

雉是一种长得像鸡的鸟，人们也将它叫作"野鸡"。雉的毛色五彩斑斓，平时生活在草原田野间，抗寒能力强。雊是鸣叫的意思，这里是指一种求偶的鸣叫。

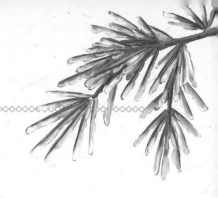

## 传统习俗

### 。赏蜡梅。

　　蜡梅比梅花开得早，寒冬腊月就开花了，金黄剔透的花朵非常漂亮。蜡梅的花朵光滑透亮，表面看起来就像涂了一层蜡，所以叫作"蜡梅"。

　　蜡梅多是黄色，花瓣比较硬，香味比梅花要浓郁多了。

### 。黄芽菜。

　　黄芽菜是旧时天津地区的特产，那时冬日蔬菜匮乏，而且不易保存，于是人们想出了一个办法，在冬至后去掉白菜的茎和叶，只留下菜心，浅浅地埋在地里，并用粪肥覆盖，小寒时节再取出来吃，口感十分脆嫩。

### 。吃糯米饭。

　　广东人有吃糯米饭的习俗。用糯米和香米混合做成糯米饭，并将腊肉和腊肠切碎炒熟，把花生炒香，最后加上葱末、香菜拌进饭中，吃上一碗，很久都不会觉得冷。

## · 腊八节 ·

　　腊八节是我国的传统节日，时间在每年农历十二月初八，民间称为"腊八"。俗话说过了腊八就是年，腊八节到了，年味就越来越浓，家家户户开始忙碌起来。

　　关于腊八节的来源有很多传说，其中一种是说为了纪念岳飞，当时正值严冬腊月，岳家军为了抗金挨饿受冻，当地百姓纷纷煮粥赠送给他们。岳家军吃了"千家粥"后恢复体力，大胜而归，人们后来为了纪念岳飞及岳家军的英勇，每到腊月初八就煮杂粮粥。

## · 腊八粥和腊八蒜 ·

　　每逢腊八节，人们都会喝腊八粥。腊八粥由大米、小米、薏米、红豆、黄豆、红枣、花生、莲子等数十种谷类、豆类作物，再添加一些坚果和干果熬煮而成，富含营养，能够起到保养脾胃的作用。

　　腊八蒜是用醋腌制的蒜，是华北地区的一道传统小吃。把剥了皮的蒜瓣放进密封的罐子里，然后倒入醋，泡在醋中的蒜就会慢慢变成翠绿的颜色。腊八蒜的味道偏酸，可以拌凉菜，也可以蘸着饺子吃。

● **果树管理**

在有积雪的地区，为防止积雪压断果树枝节，果农会及时清除枝叶上的积雪，同时把已经断裂的枝条锯断削平伤口，受伤处再涂上保护剂，让果树更快愈合，恢复生长。

● **追施冬肥**

南方地区要注意给小麦、油菜等作物追施冬肥，同时也要注意做好防寒防冻的工作，以防农作物受到冻害的影响而收成不好。

## 小寒养生

**·生活上**　天气冷，晚上睡觉时有人喜欢用被子盖住头，这样会导致空气不流通，很容易缺氧，对人体不好。另外，这个时节也要保证充足的睡眠。

**·饮食上**　此时可以多食用一些温热食物来调养身体。羊肉火锅、糖炒栗子、烤白薯等都很适合这个时候吃，同时也可以结合药膳进行调补，如山药、当归、首乌等。

**·运动上**　冬季有一些特别的体育锻炼方式，如打雪仗、堆雪人、滑冰等，这些运动能够促进全身血液循环，很快就觉得身体暖和起来。有些人还会在冰冷的水中冬泳，如果湖面或河面结冰了，就会凿开冰面。冬泳可以在一定程度上增强人体抗寒能力，提高免疫力。

**·情绪上**　这时天气冷，日照时间变短，很容易出现情绪抑郁、昏昏沉沉的现象，可以做一些自己感兴趣的事情，转移下注意力。

## 趣味小活动

**1**　这时候喜鹊开始筑巢了，请你把喜鹊筑巢的场景画下来吧。

**2**　你吃过腊八蒜吗？和家人试试一起用醋来腌制蒜，然后制成腊八蒜吧。

## 小寒小谚语

❖ 小寒大寒，冻成一团。

❖ 腊七腊八，冻死旱鸭。

❖ 腊七腊八，冻裂脚丫。

❖ 小寒大寒不下雪，小暑大暑田开裂。

❖ 小寒胜大寒，常见不稀罕。

❖ 大雪年年有，不在三九在四九。

❖ 腊月三场白，来年收小麦。

❖ 腊月三白，适宜麦菜。

❖ 三九不封河，来年雹子多。

大 dà 寒 hán

大寒在每年公历 1 月 19 日—21 日之间，是二十四节气中最后一个节气。和小寒一样，大寒也是表示天气冷热程度的节气。尽管有"小寒胜大寒"的说法，但全年最低气温仍有可能在大寒节气内出现，呈现出一派天寒地冻的景象。

## 大寒有多冷？

大寒前后，南方大部分地区平均气温一般是 6℃到 8℃，只是比小寒高出约 1℃，说明大寒虽然没有小寒冷，但也是一年中十分寒冷的时期。

大寒时节虽然寒冷，但也有晴朗的天气，白雪慢慢融化，于是人们会趁着好天气去狩猎，唐代诗人王维就描写了当时的狩猎情景：

# 观 猎

[唐] 王维

风劲角弓鸣，将军猎渭城。

草枯鹰眼疾，雪尽马蹄轻。

忽过新丰市，还归细柳营。

回看射雕处，千里暮云平。

**诗词赏析**

寒风凛冽，角弓上的箭射出那瞬间发出一声声鸣响，将军在渭城郊外狩猎。小草枯黄，鹰眼更加锐利了，准确地寻找着地上的猎物。此时雪已经融化，马儿飞快地奔跑在雪地上，转眼就到了新丰市，很快又回到细柳营。回过头望向射落大雕的地方，广阔无垠的原野笼罩在暮云下，四周十分安静。

## 二候 征鸟厉疾

征鸟是指鹰、隼（sǔn）一类的猛禽。大寒时节，为了寻找食物补充能量，征鸟捕食的动作会更加迅猛。

## 一候 鸡乳育也

过了大寒就是立春，又迎来了新一年的节气轮回，等到气温稍稍回暖，母鸡就会开始孵蛋，春天来了，就能孵出小鸡了。

# 大寒三候

## 三候 水泽腹坚

大寒时节，地面积雪不化，俗话说"三九四九冰上走"，这时候有些河和湖里已经结起了厚厚的冰，大人、小孩都可以在冰面上行走了。

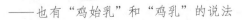

——也有"鸡始乳"和"鸡乳"的说法

### ·赏梅·

　　大寒前后，南方的梅花已经在寒风中盛开了，而北方由于气候严寒，梅花多作盆栽。梅花的颜色有粉红、紫红、淡黄、纯白等，香气不像蜡梅那么浓郁，淡淡的，散发着清香。梅花的品种很多，可以分为花梅和果梅两种，花梅主要供观赏，果梅可以加工制成各种蜜饯和果酱。

### ·小年祭灶·

　　春节前有很多重要的民俗和节庆，每年农历腊月二十三是祭灶节，民间又称"小年"。以前每家每户的灶台上都会设"灶王爷"的神位，到了祭灶节这一天，就会把灶神"送"回天宫，这种送灶神的仪式称为"送灶"或"辞灶"。人们在"送灶"的时候，会在灶王爷像前的桌案上供放灶糖、清水、料豆等。

44

時雨潤花萬樹香

春風送福千家暖

## ·贴春联·

　　贴春联是春节的习俗之一，人们会在春节临近的时候在大门两边贴上崭新的春联，红色的纸加上黑色的字十分鲜艳，往门上一贴，浓浓的年味就出来了。春联的内容很丰富，文字对仗工整，一般都写上祝福的话。除了在家门口贴春联，猪舍、鸡鸭舍也会贴上有相应寓意的春联。

## ·扫　尘·

　　除了买年货，人们还会在过年前进行大扫除。家家户户都会打扫，拆洗被褥窗帘，清理器具，自己也会理个发、洗个澡，干干净净地迎接新春。扫尘的寓意是除旧迎新，把晦气通通扫干净。

## 喝鸡汤、做羹食

在江苏一带，民间有"一九一只鸡"的传统食俗，每进一个"九"，人们都要炖上一只鸡，大寒时节通常在"四九"前后，自然也要喝一碗鸡汤。南京人做鸡汤十分讲究，鸡要用老母鸡，单炖或者加上参须、枸杞、木耳等一起炖，炖好后鸡汤要清澈，鸡肉要爽滑，鸡骨要酥烂，既美味又滋补。

人们还会做一些羹，羹与汤类似，但比汤浓稠。羹的做法比较简单，可选择的食材也很多，肉糜、豆腐、木耳、山药等都可以做出一碗美味的羹，根据个人口味配上香菜和白胡椒，不仅好吃，还能让人身体暖和。

## 打年糕

年糕是中国的传统食物，寓意年年高。每到农历年底，农村都有打年糕、吃年糕的习惯。打年糕是一个体力活，把糯米磨成粉，蒸熟后放在石臼里，用木锤子捶打年糕，不一会儿，一桶喷香的糯米粉就变成了年糕。

## 大寒迎年

春节就要到了，虽然现在是农闲时节，但家家户户都在忙过年。为了迎接春节，人们忙着腌制腊肠、腊肉，煎炸烹制鸡鸭鱼肉等各种年肴，准备一些供奉用的糕点、饽饽、馒头等，还会去市集里买灯笼、买对联，给孩子们买新衣服。

# 农事活动

● **加强田间管理**

　　此时虽处于寒冷的冬季，南方大部分地区相对比较温暖，需要加强小麦和其他农作物的田间管理，而北方地区人们则需要积肥堆肥，为开春做准备。

● **播种合适的作物品种**

　　我国南北气温差异大，此时虽然北方地区大雪纷飞，但南方地区常年冬暖，此时如果过早播种小麦和油菜，其抗寒能力会大大减弱，容易受到低温的影响而导致收成不好。

## 大寒养生

· **生活上** 大寒时节，早晨和傍晚尽量减少外出，外出时则要做好保暖工作，戴上帽子、围巾等，还要注意室内保持通风透气。

· **饮食上** 这时候人体容易受到风寒的侵袭，可以适当吃一些辛温的食物，如生姜、洋葱、花椒等，帮助人体散去寒气。

· **运动上** 此时户外气温比较低，最好等到太阳出来后再进行户外运动锻炼，运动前可以通过慢跑等进行热身。

· **情绪上** 天气太冷的话，心情比较容易暴躁，这样的情绪会影响到身心健康。此时可以约上亲朋好友多出去走走，晒晒太阳，呼吸新鲜空气，转换一下心情。

## 大寒小谚语

❖ 大寒不寒，春分不暖。

❖ 小寒大寒，杀猪过年。

❖ 过了大寒，又是一年。

❖ 大寒一夜星，谷米贵如金。

❖ 小寒不如大寒寒，大寒之后天渐暖。

❖ 大寒到顶点，日后天渐暖。

❖ 大寒不冻，冷到芒种。

## 趣味小活动

**1** 准备过春节了，和家人一起去办年货吧。

**2** 和小伙伴比一比，谁制作的小春联最好看。